花瓣裡的悄悄話

Floriography — An Illustrated Guide to the Victorian Language of Flowers

維多利亞時代花語的象徵與緣起—全彩插圖本

Jessica Roux 潔西卡・胡 著 —— 林郁芬 譯

目次

前言　6

花 FLOWERS

花束 BOUQUETS

獻給我的姊姊莉亞娜（Liana），其名源自攀爬的藤蔓：
是妳教會我如何攀爬，在我跌落時，也是妳接住了我。

前言

菊花用來致哀，芸香象徵懊悔，而迷迭香代表銘記。

維多利亞時代花語登場之初，是做為一種祕密通信手段，因為當時的社交禮節，並不鼓勵堂而皇之地公開表露情感。這種以花編碼的「語言」，最初隨著夏洛特・德拉圖爾（Charlotte de la Tour）的《花語》（*Le langage des fleurs*）＊一書，於一八一九年面世，在整個十九世紀風行於英國和美國，時至今日，則成為維多利亞時代傳統和文化的同義詞。彼時，花朵的意涵取自文學、神話、宗教，和中世紀傳說，甚至源自花的形態本身。往往，花店會發想新的象徵意義，來搭配新花材，而依場所和時間不同，花朵的涵義有時也隨之改變。這種以花表意的做法，頗得當時上流社會年輕女性青睞。她們致贈花束做為愛情信物，或用來示警；她們在髮間或禮服上配花，頌讚與花相關的一切。而以幾種不同花材搭配，組合出稱為 tussie-mussie 或 nosegay 的小花束，也很常見。這些編碼訊息承載著愛意、渴望或憂傷，做為配件被穿戴或手持，讓維多利亞時代的人們，得以用這神祕而誘人的呈現方式，表露自己的真情實意。

＊ 「花語」一詞，在英文除了用 language of flowers，也用 floriography，即本書原文書名。

隨著這個時代落幕，第一次世界大戰開始，花語的熱潮也漸次凋零。即便如此，昔日傳統還是遺留一些痕跡。人們依然用玫瑰在婚禮上和情人節表達愛意，用百合象徵和平，用菊花表示哀悼。花朵的美麗優雅未曾稍減，短少的只是我們對其隱藏意涵的認識。我希望這本書除了呈現花語的歷史，也能促使讀者以新視角看待花花草草，對於啟發自我至深的花朵，也許能賦予專屬自己的意義也未可知。

花朵

FLOWERS

孤挺花

AMARYLLIS

朱頂紅屬

涵義─

- 驕傲

由來─

維多利亞時代的人們從孤挺花聯想到驕傲，是因孤挺花在其高大的花梗頂端，綻放豔麗的花朵，睥睨群花的緣故。花莖經常無葉的孤挺花，是出了名的耐旱。這種強壯勇健的植物十分心高氣傲，不向嚴酷的環境低頭。

搭配─

- 繡球花，象徵驕矜自滿
- 鐵線蓮，表示受花者應該為自己的才智感到驕傲

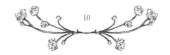

銀蓮花
ANEMONE

銀蓮花屬

涵義→

・被拋棄的愛

由來→

銀蓮花與被拋棄的愛之間的關聯，可上溯至希臘神話。據說，阿芙蘿黛蒂（Aphrodite）因心愛的阿多尼斯（Adonis）之死流下哀慟的眼淚，從淚珠裡長出了銀蓮花。阿多尼斯因爲與愛神的這段情，引來神祇的嫉妒而招致殺身之禍。

搭配→

・山茶花，表達對「未能成眞的一切」的憧憬
・蓍草，幫助療癒破碎的心

蘋果花
APPLE BLOSSOM

蘋果屬

涵義→
・偏袒

由來→

蘋果與偏袒的連結，源自傳說中的金蘋果事件。希臘神話中的不和女神厄莉絲（Eris），因爲沒有受邀參加婚宴，憤而扔了一顆金蘋果到會場。蘋果上刻著「獻給最美的女神」字樣，於是希拉（Hera）、雅典娜（Athena），和阿芙蘿黛蒂，都聲稱自己是蘋果的主人。宙斯便要特洛伊王子帕里斯擔任仲裁。帕里斯最後選擇了阿芙蘿黛蒂，因爲她許他以地表最美女人海倫（Helen）的芳心。但海倫已是斯巴達國王墨涅拉俄斯（King Menelaus）之妻，帕里斯的偏袒最終導致了特洛伊戰爭。

搭配→
・三色菫，向受花者表示對方常在你心
・百日菊，是送給最好的朋友的禮物

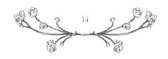

阿福花

ASPHODEL

阿福花屬

涵義→

· 我的思念伴你長眠地底

由來→

希臘神話中，阿福花開在冥界，爲亡者所食。荷馬史詩《奧德賽》裡，將阿福花描繪爲悔罪之花，盛開在水仙平原（Asphodel Meadows，因阿福花形似水仙），這個地帶是地府中既不善也不惡的靈魂駐留之地，是亡魂滌罪之所。

搭配→

· 柏樹枝葉或萬壽菊，表示哀慟與絕望
· 迷迭香，象徵永誌不忘

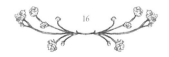

紫菀

ASTER

捲舌菊屬

涵義→

・清秀

由來→

紫菀與清秀的聯想，最可能來自紫菀的外型。眾多長而細的花瓣，優美地圍繞明黃色的中心，是花朵中小巧的傑作。

搭配→

・雛菊，給年輕女孩的禮物
・毛茛，用來恭維對方迷人的儀態

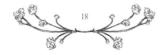

杜鵑花

AZALEA

杜鵑花屬

涵義→

- 脆弱
- 節制

由來→

杜鵑是出了名的脆弱和難養。美麗嬌弱的花朵，只在枝頭短暫綻放，很快就凋萎落地。除此之外，杜鵑根系淺，不耐過度澆水，因此也使人聯想到節制。

搭配→

- 薄荷或雪花蓮，撫慰脆弱的心靈
- 帚石楠，表示受花者在需要時，會得到很好的照顧

滿天星
BABY'S BREATH

石頭花屬

涵義→

- 純潔
- 純眞

由來→

十九世紀晚期，這個石頭花屬（*gypsophilia*）的植物被喚作「嬰兒的呼吸」，因爲它有著怡人的香氣和小巧細緻的花朵。由於外觀近似新娘頭紗的蕾絲，滿天星也常用於新娘捧花，或配成花束，送給剛生下小寶寶的母親。

搭配→

- 百合，給新手爸媽的禮物
- 野胡蘿蔔花，可致贈教父或教母，感謝他們守護並關愛孩子

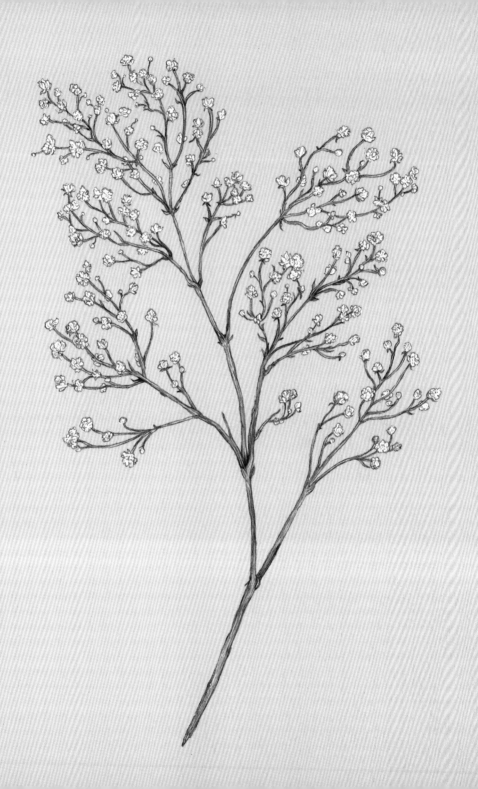

羅勒
BASIL

羅勒屬

涵義→

・恨意

由來→

羅勒與恨意的關聯源於希臘人，他們認為羅勒舒展開來的葉片，形似傳說中怪蛇巴西利斯克（Basilisk）張大的口顎部。希臘人也認為怪蛇的凝視象徵恨意，因為這傳說中的大蛇只要看一眼，就能取人性命。

搭配→

・薰衣草，代表背叛
・夾竹桃，警告你不信任的某人

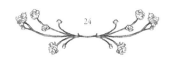

秋海棠
BEGONIA

秋海棠屬

涵義→
- 投桃報李
- 警告

由來→

十七世紀法國植物學家查爾斯·普魯米爾（Charles Plumier）把秋海棠命名為 Begonia，以回報法國政治家，同時也是植物收藏家米歇爾·貝貢（Michel Bégon）的人情。秋海棠也被用來象徵警告，這可能與其名稱中含有「be gone*」這個短語有關。

搭配→

香豌豆花，致贈派對主人
夾竹桃，提醒對方在開展新的人事物關係時，應步步為營

本書註解皆為譯註

* 　此應為用來表示請求、命令等的祈使語氣，要求對方「離開！」之意。

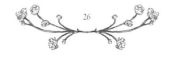

顛茄

BELLADONNA

顛茄屬

涵義→

- 沉默

由來→

顛茄，英文又名「死亡之茄」（deadly nightshade），是地表上毒性最強的植物之一。過去，顛茄常被羅馬人用作毒藥，殺人滅口，使被害者永遠沉默。此外，顛茄的屬名 *Atropa*，取自希臘神話中女神阿特羅波斯（Atropos）之名。阿特羅波斯是命運三女神（The Fates）*之中年紀最長者，以剪斷生命之線、了結凡人生命爲人所知。

搭配→

- 耬斗菜與秋海棠，敦促對方保守祕密
- 芸香，警告受花者應守口如瓶，以免後悔莫及

---

* 命運三女神，也是由三位姊妹所組成，分別是克洛托（Clotho）、拉刻西斯（Lachesis）和阿特羅波斯，各司紡織生命之線、分配生命之線、剪斷生命之線職責。

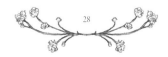

藍鈴花

BLUEBELL

藍鈴花屬

涵義→
- 謙遜
- 忠實

由來→
藍鈴花的外型，使人聯想到謙遜與忠實。鈴鐺狀的花朵，
從花莖上謙和地垂首，避開陽光，彷彿也訴說著悔意。

搭配→
- 牡丹，希求對方寬恕自己言行欠妥
- 西番蓮，致贈準備參加宗教聖典的人

毛茛
BUTTERCUP

毛茛屬

涵義一

· 魅力四射的你

由來一

毛茛的意涵,可能起源於維多利亞時代小朋友常玩的遊戲。那時的小孩,會拿一朵毛茛湊近自己的下巴下方,看看皮膚上有否映出黃色。若映射出黃色光芒,代表拿花的人愛吃奶油!

搭配一

· 黃花九輪草,表示剛剛滋長的情意
· 曼陀羅,代表你不受魅力所惑

山茶花
CAMELLIA

山茶屬

涵義→

· 對你的渴望

由來→

山茶花的意涵，源自一八四八年小仲馬的小說《茶花女》
(*La dame aux camélias*)，小說講述中產階級青年阿芒・杜瓦
(Armand Duval) 和上流社會交際花瑪格麗特・哥提耶 (Marguerite
Gautier) 間淒婉的愛情故事。這兩人彼此相愛，卻遭阿芒的
父親橫加阻攔。阿芒的父親因深恐家族名聲敗壞，說服瑪
格麗特主動求去。阿芒傷心欲絕，但並未試圖挽回，因為
他以為瑪格麗特是移情別戀才會一走了之。另一方面，瑪
格麗特染上肺癆，在對阿芒、對兩人間未能實現的浪漫戀
曲的渴慕中，孤零零地死去。

搭配→

· 水仙花，表示渴望一份沒有報償的愛
· 百日菊，致贈即將遠行的朋友

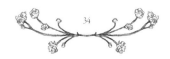

康乃馨
CARNATION

石竹屬

涵義→
- 永恆的母愛
- 心痛

由來→

康乃馨的意涵，可上溯到耶穌被釘十字架的時刻；據說，聖母瑪利亞的淚珠滾落，化成了康乃馨，故此花令人聯想到心痛，以及母親對子女永恆的母愛。此外，康乃馨的英語俗名 Carnation，也可能意指耶穌是神的化身（inCarnation）。

搭配→
- 薄荷或雪花蓮，撫慰喪子之痛
- 帚石楠，送給即將要上大學的子女

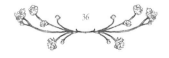

香蒲
CATTAIL

香蒲屬

涵義→

・寧靜與富足

由來→

香蒲與寧靜、富足之間如何產生關聯,目前尚無定論,但可能與這種植物具備多種家用功能有關。傳統上,香蒲用於編織籃子,做為衣物或被單的絕緣層,也可充當壁爐燃料或供食用。

搭配→

・小麥,慶賀職場升遷
・月桂,慶賀新事業成功

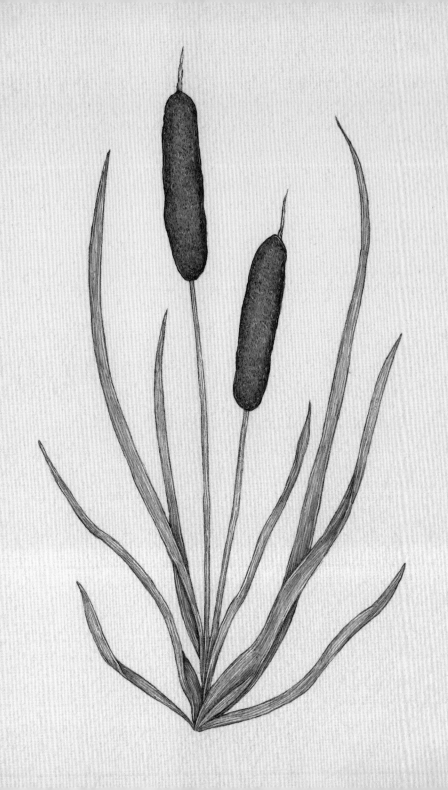

洋甘菊
CHAMOMILE

母菊屬

涵義→
・逆境中的能量

由來→
洋甘菊的意涵，或許與它具備多種療效有關，早在古埃及
時代，人們就已經曉得洋甘菊的妙用。以洋甘菊沖茶，能
安定神經，幫助睡眠，讓身心在壓力下仍能得到休息，恢
復活力。據說洋甘菊能產生療癒能量和耐力，這是克服逆
境所不可或缺。

搭配→
・山茱萸，代表你們的愛會克服所有困難
・玫瑰，表示在艱難時刻，你的愛依然堅定
・蕁麻，對對方的不公平遭遇表達同情

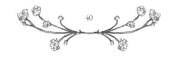

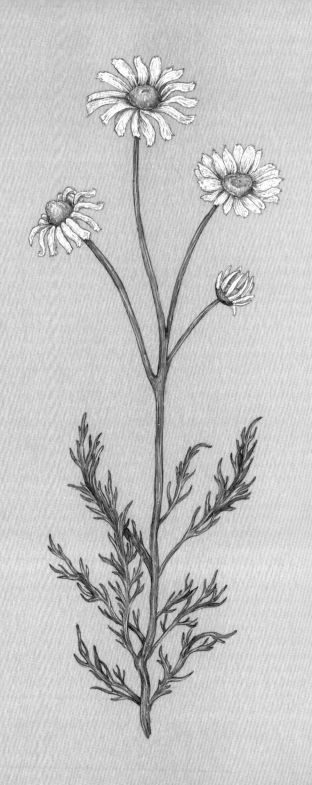

菊花

CHRYSANTHEMUM

菊屬

涵義→

· 哀悼

由來→

秋季綻放的菊花，常被用於喪禮或置於墳前，在法國、比利時、義大利和西班牙等許多歐洲國家，都是如此。這可能沿襲自萬靈節（All Soul's Day）裝飾墳墓的習俗，這個基督教節日落在十一月初，是一年中盛放花朵種類不多的時節。在哀慟的時刻，菊花被視爲一種撫慰的標誌。

搭配→

· 柳條，給哀慟的朋友
· 劍蘭，給破碎的心

鐵線蓮

CLEMATIS

鐵線蓮屬

涵義→

・靈巧

・聰明

由來→

因其巧妙攀爬壁面或棚架的能力而得名的鐵線蓮，很容易讓人聯想到聰明與靈巧。這種爬藤花卉總有辦法駕馭各種困難地形，一旦找到立足之地，往往便能攻佔周遭範圍。

搭配→

・迷迭香與三葉草，祝願考運亨通

・槲寄生，表示你一定能智取，克服困難

白花三葉草
CLOVER

三葉草屬

涵義→

· 幸運

由來→

三葉草，特別是有四片葉子的三葉草（又稱四葉草或幸運草），數百年來一直被視為幸運的象徵。愛爾蘭的古德魯伊（Druid）* 教徒相信，攜帶三葉草，讓人能察知邪靈靠近。同樣地，在中世紀，許多愛爾蘭人也相信帶著四片葉子的三葉草，能讓人看見仙子。三葉草與幸運之關聯的最早文字記載，出現於一六二〇年，約翰·梅爾頓爵士（Sir John Melton）** 寫道，「若有人行於田野之間，發現了四葉草，那麼他很快應有幸事降臨。」

搭配→

· 帚石楠和小麥，祝願新事業開張大吉
· 蘋果花與蒲公英，祈願受花者心想事成

---

* 古德魯伊教是基督教流傳英國前，在古英國凱爾特文化中居主導地位的宗教組織，具有可與國王匹敵的權力。

** 約翰·梅爾頓是英國商人、作家，同時也是政治家。

夢幻草
COLUMBINE

耬斗菜屬

涵義→
- 愚蠢

由來→

哥倫比娜（Columbina）是義大利即興喜劇（commedia dell'arte）中，一個經常登場的角色。她是丑角「蠢蛋」哈爾利奎（Harlequin）的情婦，是出名的聒噪和愛聊八卦。英文俗名 Columbine 的夢幻草與愚蠢的關聯，可能源自哥倫比娜對蠢蛋的愛情，或因為她本身就很可能大出洋相的特質。夢幻草奇特的花形，也神似宮廷小丑的帽子。

搭配→
- 阿福花，為先前的魯莽錯誤請求原諒
- 帝王花，表示你正努力洗心革面，痛改前非

矢車菊
CORNFLOWER

矢車菊屬

涵義→

・愛情的希望

由來→

矢車菊別名「單身漢的鈕扣」。民間傳說,當年輕男子陷入情網時,要在衣襟上別上一朵矢車菊。若花朵快速凋萎,表示這是單戀。然而若花朵持續綻放,年輕男子的愛情就有希望得到回報。

搭配→

・紫丁香,送給初戀對象
・鬍苞石竹,代表你將永遠信實

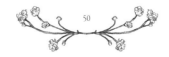

黃花九輪草

COWSLIP

報春花屬

涵義→

・蒙受恩典

由來→

黃花九輪草的意涵，來自一則與天堂守門人使徒彼得有關的故事。彼得無意間弄丟了鑰匙，鑰匙掉到人間，變成黃花九輪草。此花形似一串金鑰匙，故又別名「鑰匙花」。根據傳說，找到這種花的人便能蒙受恩典，進入天堂。

搭配→

・山楂花，象徵新前景，新希望
・忍冬，可當與伴侶父母見面時的贈禮

番紅花
CROCUS

番紅花屬

涵義→

・爽朗
・青春的喜悅

由來→

番紅花是霜雪中率先綻放的花朵之一；以可人的花瓣與陽光般的金黃花蕊，迎接春天的到來。番紅花為多年生草本植物，年年開花，令人聯想到青春的喜悅。

搭配→

・雛菊，致賀新學年的開始
・毛茛，致贈迷人的年輕朋友

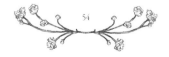

柏
CYPRESS

柏木屬

涵義→
- 死亡
- 哀慟

由來→

早在古典時代（classical antiquity）[*]，柏樹就是哀慟和死亡的象徵，直至今日的歐洲及中東，柏樹都是墓園中最廣爲栽植的樹種。柏樹得名自希臘神話中，誤殺心愛雄鹿的希帕里修斯（Cyparissus）。事情發生後，希帕里修斯哀慟逾恆，最終變成了一株柏樹。

搭配→
- 萬壽菊和常春藤，給哀慟的友人
- 橙花，表達對剛逝世的摯愛的永恆忠實

---

* 指西元前八世紀至西元五世紀，以地中海為中心，古希臘及古羅馬文化為主要構成的文化歷史時期。

水仙

DAFFODIL

水仙屬

涵義→

・不被回報的愛

由來→

水仙的學名，來自希臘神話中的納西瑟斯（Narcissus），他是
個英俊而驕傲的獵人，看到自己映在泉水中的倒影後，便
愛上了自己。因爲捨不得離開自己的影像，最後魂斷水邊。
後來他的墳上長出了水仙花。

搭配→

・三葉草，代表期望改變
・香豌豆花，意爲放棄一段不適合的戀情

大麗花

DAHLIA

大麗花屬

涵義→

· 永恆的愛
· 奉獻

由來→

大麗花又稱「秋日花園的女王」，因它花期長，在秋天的
月份裡持續盛開。維多利亞時代，大麗花常用於新娘捧花，
象徵長壽與奉獻。

搭配→

· 鬱金香，給剛訂婚的新人
· 銀香梅，代表愛與奉獻

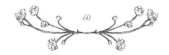

雛菊

DAISY

雛菊屬

涵義→
- 純眞
- 童年
- 純潔

由來→

不少民間傳說中，雛菊都與純眞、童年，以及純潔有關。在北歐神話裡，雛菊是女神芙蕾亞（Freya）的聖花，芙蕾亞是掌管生育、母性，以及分娩的女神。凱爾特傳統中，會爲死於分娩的嬰靈栽植雛菊。而古羅馬傳說裡，寧芙（Nymph）＊貝莉蒂斯（Belides）面對四季之神維特諾斯（Vertumnus）的熱烈追求，把自己變身爲雛菊，以保有純眞。

搭配→
- 滿天星，祝賀寶寶誕生
- 牡丹與香菫菜，代表童年之福

＊　希臘羅馬神話中居於山林水澤的仙女。

蒲公英
DANDELION

蒲公英屬

涵義→
- 占卜
- 預知

由來→

蒲公英被認為與願望和預知有關,許多歐美文化中,都有邊許願,邊對著蒲公英的「絨傘」吹氣,讓其種子四散飛落的習俗。而實務上,蒲公英可用來預測天氣,因為惡劣天候下,蒲公英的絨傘會緊緊關閉,而天氣即將放晴時,就會綻放開來。

搭配→
- 鐵線蕨,慶祝冬至或夏至
- 毛地黃與冬青,意指解決未來問題的能力

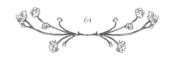

曼陀羅

DATURA

曼陀羅屬

涵義→

‧ 欺人的魅惑

由來→

曼陀羅花的美麗外型也許魅惑人心，但若誤食，這種植物可是有劇毒的。曼陀羅花又稱「惡魔的號角」，相傳用於早期歐洲巫術，以其爲原料製成油膏，能使女巫騎著掃帚飛行。

搭配→

‧ 苦艾，給被甩的戀人
‧ 薊，給正經歷分手的朋友

山茱萸
DOGWOOD

山茱萸屬

涵義→

・我倆的愛將克服逆境

由來→

山茱萸柔美古雅的花朵看似嬌弱，其樹幹卻木質堅固，經久耐用。維多利亞時代的戀人以此花象徵他們的愛情禁得起各種考驗。

搭配→

・鐵筷子，代表戰勝流言蜚語的力量
・烏頭，象徵面對阻礙時的騎士精神

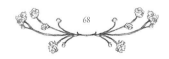

高山火絨草

EDELWEISS

火絨草屬

涵義→

· 勇氣
· 膽量

由來→

由於高山火絨草的白色星形花朵高高綻放在阿爾卑斯山區，
採摘此花必須歷盡險阻。因此，為愛人取得火絨草，在昔
日被認為是勇氣與忠誠兼備的壯舉。

搭配→

· 百合與月桂，致贈開創新事業的友人
· 鬚苞石竹，表示你願為對方赴湯蹈火

尤加利花
EUCALYPTUS

桉樹屬

涵義→
・保護

由來→
原住民族常用尤加利油來消毒，及舒緩、治療多種常見不適症狀，故尤加利被認為有祛病的保護功效。由植物學家夏爾・路易・萊里捷・德布呂泰勒（Charles Louis L'Héritier de Brutelle）於一七八八年命名，尤加利一名來自希臘語字根 eu 和 kalyptós，意為「好好地」及「蓋住」，也意指保護。

搭配→
・帚石楠，祝福即將展開旅程的友人幸運
・野胡蘿蔔花，祝福受花者旅途平安

鐵線蕨

FERN

鐵線蕨屬

涵義→

- 魔力
- 守密

由來→

鐵線蕨生長於潮濕的環境,其葉片卻能抗濕排水。這個特質讓人聯想到魔力和守密。鐵線蕨的屬名 *Adiantum* 來自希臘語「不濕的」,即在彰顯此一迷人的雙重特性。此外,羅馬神話中愛與美的女神維納斯,據說她擁有一頭鐵線蕨髮,所以從海中升起時,秀髮依然乾爽蓬鬆。

搭配→

- 毛地黃,給祕密愛人
- 罌粟花,向受花者表示對方常入你夢

勿忘草
FORGET-ME-NOT

勿忘草屬

涵義→

・勿忘我

由來→

勿忘草的名字及意涵，來自一則德國民間故事。一對年輕愛侶沿著河邊散步，不久就要當新娘的女孩停下腳步，欣賞水邊一叢美麗的藍色花朵。她的戀人想把花摘來給她，卻失足跌落湍急的河水。他把花扔向她，在河水中載浮載沉、愈漂愈遠，便朝她喊道：「別忘了我！」

搭配→

・百日菊，致贈即將搬到外地的朋友
・翠雀花，表示「請記得美好時光」
・橡樹枝條，給遠距離戀愛

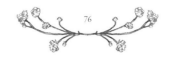

毛地黃
FOXGLOVE

毛地黃屬

涵義→

- 謎
- 祕密

由來→

在不列顛群島，毛地黃向來與仙子的傳說有關。相傳仙子藏身於毛地黃的花朵中，因此英文俗名 Foxglove 的毛地黃，最初的名稱可能是「folkglove*」（仙子手套）。想瞧瞧仙子的模樣、聽聽他們的謎語的孩子們，會使勁往花朵裡窺看。但採摘毛地黃相傳會招致厄運，因為會導致仙子們無家可歸。這則傳言可能是為了預防孩子們碰觸毛地黃的花朵，因為如果誤食可能致死。

搭配→

- 薰衣草，向友人示警有不忠實的戀情
- 風信子，為自己洩漏了祕密而請求原諒

---

* 仙子也稱 fae folk。

78

唐菖蒲
GLADIOLUS

唐菖蒲屬

涵義→

· 你刺穿了我的心

由來→

拉丁文中的 gladius 意爲「劍」，故此花另一常見別名爲「劍蘭 *」。這種大而頗具氣勢的植物，它的名稱或意涵，都源自其形狀如劍刃般的葉片。

搭配→

· 蓍草，療癒破碎的心
· 銀蓮花與水仙，代表得不到回報的愛
· 毒參與萬壽菊，給哀慟中的朋友

---

* 　英文別名 sword Lily。

80

山楂花

HAWTHORN

山楂屬

涵義→

・希望

由來→

希臘神話的婚禮之神海曼（Hymenaios）在燃燒的火炬中帶了一束山楂，象徵神聖。古希臘的新娘在大喜之日，會在捧花和髮間搭配山楂花，山楂因此象徵愛的希望。

搭配→

・山茶花，指愛情失而復得的希望
・橙花，表示期待受花者能回應你的情意

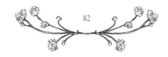

帚石楠
HEATHER

帚石楠屬

涵義→
- 幸運
- 保護

由來→

帚石楠的意涵來自蘇格蘭民間傳說。西元第三世紀時，傳說中的美人瑪維娜（Malvina），被許配給英勇的戰士奧斯卡（Oscar）。在戰場上傷重垂死的奧斯卡，央人捎了一支紫色帚石楠給未婚妻，昭示自己永恆的愛情。瑪維娜的淚珠落在花上，花朵即由紫色轉爲白色。此後便相傳，帚石楠能化悲傷爲幸運與保護。因此在歷史上，許多蘇格蘭戰士都佩帶著帚石楠上戰場。

搭配→
- 玫瑰，標記新戀情的開始
- 香蒲，爲等待診斷結果的友人祈願身體健康

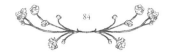

鐵筷子

HELLEBORE

鐵筷子屬

涵義→

· 我們將能克服流言蜚語

由來→

素以有毒植物為人所知的鐵筷子，其實一直也做為藥用。希臘神話中的治療者梅蘭普斯（Melampus）據說曾以鐵筷子治好癲狂。從古代到中世紀，草藥專家也都用鐵筷子對治多種不適症狀。此一奇特的植物在寒冬將盡、春天將至之際開花，被認為具有神奇的力量，有時也與巫術做聯想。

搭配→

· 秋海棠，對未來的挑戰示警
· 高山火絨草，象徵有勇氣面對即將到來的狀況
· 三葉草，象徵希望與幸運

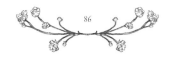

毒參

HEMLOCK

毒參屬

涵義→

・死亡

由來→

毒參是有毒植物，可能造成癱瘓甚至死亡。蘇格拉底因提出道德哲學被處死刑，飲下毒參茶而身亡，應是史上聲名最惡的毒參毒殺事件。

搭配→

・菊花，代表對摯愛亡故的哀悼
・蕁麻，獻給英年早逝的摯愛

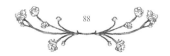

冬青
HOLLY

冬青屬

涵義→

· 遠見

由來→

許多歐洲異教徒傳統，會在家中懸掛冬青枝條以趨吉避凶。
此一習俗，後來被喜愛各種迷信的維多利亞時代的人挪來
為耶誕節所用。冬青也常在預知未來的遊戲裡軋上一腳；
威爾斯昔日流傳，若女孩繞冬青樹跑七圈，反方向再跑七
圈，就會看見未來的老公。

搭配→

· 尤加利花，意指會好好照顧朋友
· 鈴蘭，象徵事情就快漸入佳境了

忍冬

HONEYSUCKLE

忍冬屬

涵義→

- 奉獻
- 愛意

由來→

維多利亞時代的人都說，枕頭下放著忍冬花入眠，就會夢見真愛。這個說法，可能源自莎士比亞名作《仲夏夜之夢》（*A Midsummer Night's Dream*）中，緹坦妮雅（Titania）用忍冬纏繞榆樹來描述自己和波頓（Bottom）同眠共枕的樣子：「睡吧，我的愛人，我會用雙臂將你環抱……就像甜美的忍冬／溫柔纏結；柔情似水的藤蔓／纏繞榆樹的枝幹。／噢，我是多麼愛你！多想好好寵你！」

搭配→

- 蘭花，感謝對方致贈了你非常珍惜的禮物
- 矢車菊，對你愛的人表示你的忠貞不二

風信子

HYACINTH

風信子屬

涵義→

・請原諒我

由來→

風信子的名稱與意涵皆取自希臘神話。美少年海辛瑟斯
（Hyacinthus）頗受阿波羅眷愛。一次擲鐵餅比賽中，阿波羅的
鐵餅被善妒的西風之神傑佛羅斯（Zephyrus）故意吹離路線，
不幸擊中海辛瑟斯，使他一命嗚呼。據說從他頭部傷口湧
出的鮮血，落入土中就長出了風信子，而此時，阿波羅就
在他身側祈求他的寬恕。

搭配→

・橄欖，表示希求和平與寬恕
・三色堇，意指背叛讓你的良心深受折磨

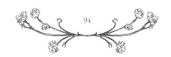

繡球花
HYDRANGEA

繡球花屬

涵義→
- 自大
- 無情

由來→

繡球花與負面意義的自大和無情相關聯,來自其數目龐大的花朵及又大又圓的花形。碩大量豐的繡球花儘管外型富麗堂皇,產生的種子卻只寥寥幾顆,印證了它只是排場好看,卻無真材實料的說法。

搭配→
- 艾菊與矮牽牛花,意指你不樂見最近的事態發展
- 鐵線蕨,請朋友放心,對其有失檢點的行為,你會守口如瓶

神香草

HYSSOP

神香草屬

涵義→
- 清潔

由來→

神香草的意涵可追溯至古希臘，當時常用神仙草來清潔、淨化神廟。在聖經時代*，神香草甚至被用於漢生病的治療。由於花朵帶有清香，也常添加到代表新開始的花束中。

搭配→
- 百合與野胡蘿蔔花，意指在幫忙看家時，你會維持家中乾淨整潔
- 茉莉花，稱許朋友開朗良善的心

---

* 指聖經中所記載事件發生的年代。舊約中最早的典籍《創世紀》成書於西元前一五一三年，覆蓋範圍始於宇宙創造之初，新約多成書於一世紀，故聖經時代應指西元前一八○○年起至西元一○○年。

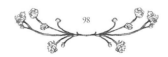

鳶尾花

IRIS

鳶尾屬

涵義→

- 英勇
- 智慧
- 信念

由來→

鳶尾花一直都是力量與勝利的象徵，古埃及人即以鳶尾花裝飾人面獅身像的額頭。多年後，第五世紀的法蘭克王克洛維一世（Clovis I）看見河中鳶尾花盛開的景象後，便贏得重要戰役。此後他的軍隊就以鳶尾花為配飾，花朵上層的三片花瓣，則象徵他們連戰皆捷的英勇、智慧和信念。

搭配→

- 藍鈴花，意為「勝不驕」
- 鐵線蓮，代表對靈巧的欣賞

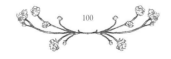

常春藤

IVY

常春藤屬

涵義→

- 忠實
- 愛慕

由來→

這種多葉藤蔓，常緊緊依附纏繞著古老的樹木。即使樹死了，常春藤依然牢牢攀附，亙古的擁抱至死不渝。

搭配→

- 大麗花，表彰一段年深日久的關係
- 鐵筷子，意指任何事物也無法使你和你的伴侶產生嫌隙

茉莉花
JASMINE

素馨屬

涵義→
- 可親
- 開朗

由來→

茉莉花淡雅的香氣、優美的花形,完美傳達了可親及開朗的特質。茉莉花常用於婚禮和慶祝會上,尤其在其原產地菲律賓、巴基斯坦及印尼。

搭配→
- 鳶尾花,仰慕友人的風骨和氣節
- 番紅花,給你愛的人,讚揚他的體貼寬厚,或頌揚人對生命的熱情

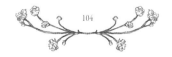

拖鞋蘭
LADY SLIPPER

杓蘭屬

涵義→

- 善變

由來→

這種蘭花是出名的變異性大，也很難養。有的要養十幾年才開花，移栽的話很少能活；有的卻是不太去管它，又能活個五十年。

搭配→

- 山楂花，希望能有好結果
- 金魚草，鼓勵生活中突遭變故的朋友

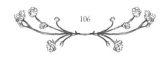

翠雀花

LARKSPUR

翠雀屬

涵義→

・輕快

由來→

翠雀花因其模樣特殊的種子莢形似雲雀的腳爪而得名 *。不管是雲雀輕快悅耳的鳥囀，還是翠雀花朝著蒼穹伸展的美麗紫色花瓣，都讓人精神為之一振。

搭配→

・帝王花，意指很快就會漸入佳境
・秋海棠，請對方放心，之前的問題都已經解決了

---

* 翠雀花英文俗名 Larkspur，源自代表雲雀的英文字 lark。

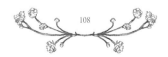

月桂

LAUREL

月桂屬

涵義→

- 光輝
- 勝利
- 成功

由來→

古代奧林匹克運動會的勝利者，會戴上月桂葉編織的頭冠，
這個傳統據說來自太陽神阿波羅。在阿波羅熱烈追求下，
寧芙黛芙妮（Daphne）向父親求救，希望父親助她抵擋阿波羅
的求愛攻勢。她的父親泊紐斯（Peneus）回應女兒的呼求，把
她變成了一棵月桂樹。據說看見阿波羅傷心落寞的樣子，
黛芙妮心生同情，便為他戴上由自己枝葉編就的桂冠。

搭配→

- 橡樹枝條與高山火絨草，對對方探索新領域的勇氣表達
  鼓勵
- 洋甘菊，象徵戰勝困難的活力

薰衣草
LAVENDER

薰衣草屬

涵義→

・不信任

由來→

歷史上，薰衣草生在炎熱的氣候帶，經常成為角蝰（一種毒蛇）的巢穴。因此，這種美麗芬芳的花朵，可能把不知情的遊人誘入死亡陷阱。有傳聞指出，埃及豔后克麗奧佩脫拉死於蛇吻，元凶即原本藏身在一束薰衣草中的角蝰。

搭配→

・毛地黃，奉勸友人三思而後行
・曼陀羅，意指你能看穿某人所營造的表象

紫丁香

LILAC

丁香屬

涵義一

- 初戀
- 追憶

由來一

希臘神話中的牧神潘（Pan），愛上了寧芙瑟琳嘉（Syringa）。潘的熱烈追求讓瑟琳嘉感到膽怯，就使出障眼法，把自己變成丁香花叢。找到丁香花叢的潘，割下其中空的莖桿做成排笛*，紀念自己的初戀。維多利亞時代的寡婦哀悼亡夫時，也經常配帶紫丁香。

搭配一

- 烏頭，獻給你最初的眞愛
- 鬱金香，宣示初次墜入情網
- 雛菊與紫菀，象徵你初戀的純淨無邪

---

* 英文為 pan flute，又稱「潘笛」。

百合
LILY

百合屬

涵義→

· 純潔

由來→

百合與聖母瑪利亞的關聯始自中世紀。當時描繪天使報喜的繪畫中——即天使長加百列向瑪利亞宣布她將受孕並成為耶穌的母親——經常有加百列遞給聖母瑪利亞一朵百合，以彰顯其純潔的畫面。

搭配→

· 橙花，結婚周年誌慶
· 鬚苞石竹，表揚對方慷慨大度的行為

鈴蘭

LILY OF THE VALLEY

鈴蘭屬

涵義→

· 回歸幸福

由來→

相傳英格蘭最後一條龍的屠龍者，是原本隱居在西薩塞克斯森林裡的聖倫納德（Saint Leonard）。據說聖倫納德與龍激戰，鮮血灑落之處，都開出一叢叢的鈴蘭。收拾惡龍後，聖倫納德便得以重拾幸福的隱修生活。

搭配→

· 帝王花，意為力挽狂瀾、扭轉局勢
· 蓍草，撫慰破碎的心

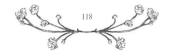

木蘭花
MAGNOLIA

木蘭屬

涵義→

・沉穩

由來→

木蘭樹有著高大強健的枝幹、油亮豐茂的葉片,並開出碩大的白花,處處散發沉穩莊重的氣質。木蘭花常讓人聯想到美國南方,那裡的木蘭樹能長得很高,也耐得住夏季烈日的炙烤。

搭配→

・顛茄,請朋友保守你的祕密
・橄欖,做為提醒,在困境中仍要保持沉穩

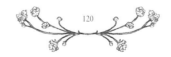

萬壽菊

MARIGOLD

萬壽菊屬

涵義→

· 悲痛

由來→

當烏雲密布或夜幕降臨，萬壽菊會向內閉合並把頭低垂。
陽光露臉，萬壽菊又會舒展開來；被露水沾濕的花瓣，彷
彿帶著淚滴。傳統上，萬壽菊用於慶祝墨西哥的亡靈節（Día
de los Muertos），據信離世者的靈魂會在這一天回來拜訪生者。
再往前溯，亡靈節的傳統，根源於阿茲特克＊敬拜冥界女神
米克特卡西瓦特爾（Mictecacihuatl）的節日。

搭配→

· 柳條，表示失去摯愛的悲傷
· 芸香，為自己造成的痛苦表達歉意

＊　十四至十六世紀存在於墨西哥的古文明，主要位在今日墨西哥中部和南部。

薄荷
MINT

薄荷屬

涵義→

• 慰藉

由來→

希臘神話中水精門塔（Minthe，與薄荷俗名 Mint 相近）愛上了冥王黑帝斯（Hades）。黑帝斯的皇后波瑟芬妮（Persephone）醋勁大發，把門塔變成了一株尋常的園藝植物，也就是薄荷。薄荷使人聯想到慰藉與哀悼，常用於喪葬儀式中，掩蓋屍身腐臭的氣味。因此，雖然門塔無法與冥王長相左右，但能夠化身與死亡相關的植物，也聊堪慰藉了。

搭配→

• 西番蓮，對情況將會好轉的信念
• 矢車菊，向朋友表達，在艱難時刻還是有人想著他們、愛著他們

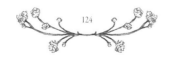

槲寄生

MISTLETOE

槲寄生屬

涵義→

・克服一切困難

由來→

北歐神話裡，備受寵愛的光明之神巴德爾（Balder）深受不斷夢見自己將遭死劫的夢境所苦。把他照顧得無微不至的母親，也就是神后弗麗嘉（Frigga），便要自然界的大千萬物發下誓言，許諾絕不傷他。不幸的是她百密一疏，獨漏了槲寄生這種植物。惡作劇之神洛基（Loki）就用槲寄生做成一支箭，並計誘巴德爾的兄長用那支箭殺了巴德爾。哀慟的弗麗嘉央求眾神讓自己的兒子死而復生，眾神也真的照辦，顯示巴德爾能克服一切困難，包括死亡本身。時至今日，槲寄生多用於耶誕裝飾，此乃沿襲德魯伊冬至慶典的習俗。這種從橡樹上砍下，顏色明亮的冬季漿果，被認為是在一年裡最黑暗、最艱困的時節中，希望的象徵。

搭配→

・孤挺花，代表克服挑戰的信心
・拖鞋蘭，表示你相信受花者一定能時來運轉

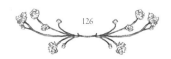

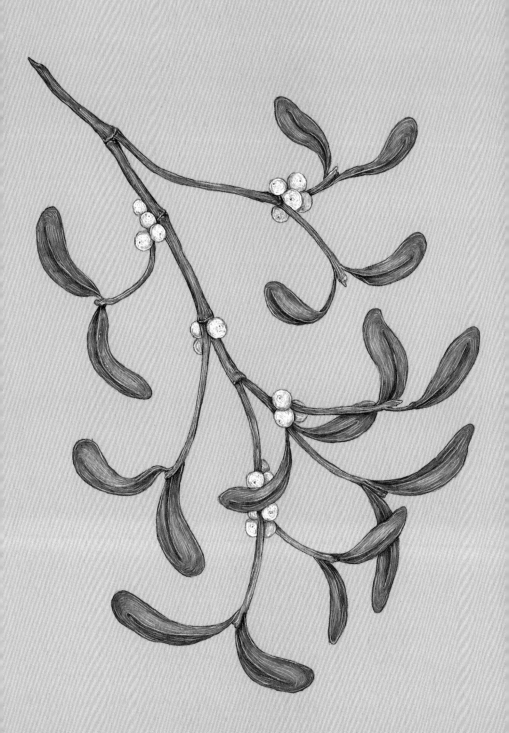

烏頭

MONKSHOOD

烏頭屬

涵義→

・騎士精神

由來→

烏頭與騎士精神的關聯，來自其紫色花朵的花形：有如中世紀騎士的頭盔。

搭配→

・忍冬，表示你願為朋友兩肋插刀
・山茱萸或槲寄生，鼓勵正處於逆境中的至親好友
・黃花九輪草，代表你很欣賞某人的勇氣

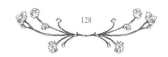

銀香梅

MYRTLE

香桃木屬

涵義一

· 愛

由來一

銀香梅這種常綠植物的花朵美麗而有甜香，也許由於此花與哈索爾（Hathor）和阿芙蘿黛蒂（分別為埃及和希臘神話中愛的女神）兩者都有關聯，經常使用於婚禮。

搭配一

· 大麗花，給你唯一的真愛
· 康乃馨，母親節送禮花束

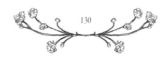

蕁麻

NETTLE

蕁麻屬

涵義一

・殘酷

由來一

蕁麻的刺毛可能引起皮膚紅疹,疼痛難當。安徒生童話的
〈野天鵝〉故事裡,名叫艾莉莎 (Elise) 的小公主,必須拯救
被壞心繼母變成天鵝的十一個哥哥。小仙子告訴艾莉莎,
她必須蒐集大量扎人的蕁麻,並用這些蕁麻替每個哥哥織
一件上衣,才能破除魔咒。艾莉莎默默地日夜趕工,蕁麻
無情地扎著她的手,使她雙手又紅又腫,有如火燒。由於
舉止怪異,艾莉莎被控行使巫術,遭判火刑。就在行刑前
一刻,她將織好的蕁麻衣拋落在哥哥身上,讓他們變回人
形。但因其中一件尚未完成,最小的哥哥有一個翅膀沒能
變回手臂。

搭配一

・夾竹桃,警告對方,其背叛行為已經事跡敗露
・矮牽牛花,告訴對方,你認為他的道歉沒有誠意

橡樹
OAK

櫟屬

涵義→

· 英勇

由來→

橡樹在早期歷史中，可能都是最受敬重的植物。長久以來，橡樹與許多不同文化中英勇、光輝的人物都有所連結。希臘神話裡，橡樹是宙斯的聖樹；北歐神話中，橡樹是生命之樹，受到索爾*(Thor) 的尊崇。而在凱爾特德魯伊文化中，橡樹在許多儀式和祭典中地位崇隆，因它是異教神達格達 (Dagda) 的聖樹。

搭配→

· 鬚苞石竹與烏頭，給你欣賞的人
· 鐵線蓮，向引領你生命方向的人表達感謝

---

*　北歐神話中司雷、戰爭及農業之神。

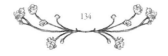

夾竹桃

OLEANDER

夾竹桃屬

涵義→

‧當心

由來→

維多利亞人對夾竹桃賦予「當心」的意涵，也許是因為這種植物有毒，但也與希臘神話中希蘿與黎安德（Hero and Leander）的警世故事有關。這兩人彼此相愛，雖然分住赫勒斯滂海的兩岸，但黎安德每晚泅泳過海，與希蘿相會。一個狂風暴雨的夜晚，黎安德在游向愛人途中，不幸在險惡的海象中滅頂。當希蘿看見黎安德的遺體被沖上岸，她呼喊著「噢，黎安德！噢，黎安德！*」並投海自盡，隨他而去。

搭配→

‧杜鵑花，警告某人，他將做出不智之舉
‧向日葵，提醒友人留意，小心錯誤的投資

---

*　「O, Leander!」與夾竹桃英文俗名 Oleander 音同。

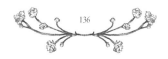

橄欖
OLIVE

木犀欖屬

涵義→

・和平

由來→

「遞出橄欖枝」，是尋求和解、呼籲和平的象徵。此語典
出舊約聖經中諾亞方舟的故事：在大洪水降臨前，諾亞建
成方舟，並把每種動物雌雄一對放到舟上。在海上漂流多
日之後，諾亞派鴿子去尋找陸地。鴿子回來時，口中啣著
一段橄欖枝，代表陸地在望，和平也不遠了。

搭配→

・山楂花與芸香，請求原諒
・野胡蘿蔔花，做為喬遷誌慶的禮物

橙花
ORANGE BLOSSOM

柑橘屬

涵義—
- 永恆的愛

由來—

橙花是維多利亞時代最受歡迎的婚禮用花;從簡單的婚禮
到鋪張的筵席,幾乎所有婚宴中,都能找到橙花的身影。
一八四○年維多利亞女王嫁給亞伯特王子時,即配戴橙花
頭飾。橙花與永恆之愛的關聯,可追溯到希臘神話:希拉
嫁給宙斯時,掌管大地與生育的女神蓋亞,就是致贈橙花
給希拉。

搭配—
- 山茱萸,走過辛苦一年的結婚周年贈花
- 常春藤,象徵長長久久的關係

蘭花
ORCHID

紅門蘭屬

涵義→
- 優雅
- 美麗

由來→

蘭花色彩豐富、造型雅緻而比例勻稱的花形，很容易讓人聯想到優雅與美麗。在維多利亞時代，蘭花是頗富異國情調的奢侈品，因其價高，只有富人消費得起。

搭配→
- 山茶花，給你思念的友人
- 木蘭花，給你欣賞的人

三色菫

PANSY

菫菜屬

涵義→

・你佔據了我的思想

由來→

三色菫的英文俗名「Pansy」來自法文 pensée，意爲「思想」。莎士比亞名作《哈姆雷特》（*Hamlet*）中，歐菲莉亞（*Ophelia*）在父親身故後，一邊發送花朵，一邊說出她的著名台詞，「這是三色菫，代表思想。」

搭配→

・菊花，給刻正經歷困頓時期的所愛之人
・勿忘草，代表你會永遠記得對方的體貼和慷慨

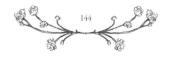

西番蓮

PASSIONFLOWER

西番蓮屬

涵義一

・信仰

由來一

十六世紀時，耶穌會傳教士在南美洲邂逅了西番蓮，而他們相信此花為耶穌受難的象徵。十片花瓣*代表忠實的十位使徒，絲狀裂片形似荊棘王冠，五根雄蕊有如耶穌身上的五處傷口，子房是鐵鎚，雌蕊的三根柱頭則是釘進耶穌雙手和腳上的鐵釘。

搭配一

・高山火絨草，表示儘管困難，但你相信某人一定會做出正確的選擇
・鳶尾花，宜致贈宗教領袖

---

* 　其實為五塊萼片加上五塊花瓣。因其萼片外型極似花瓣，常被誤認為十片花瓣。

牡丹
PEONY

芍藥屬

涵義→

・害羞

由來→

在古希臘，相傳寧芙可以把自己變成牡丹，以躲避人類的視線。由於天性害羞，她們不希望被人類看見。同樣的，即便在盛放的時刻，牡丹的花瓣也是向內捲曲，保護自己嬌貴的內在。

搭配→

・風信子與香菫菜，致歉並請求原諒
・毛地黃，來自祕密仰慕者的禮物

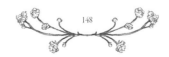

矮牽牛花

PETUNIA

碧冬茄屬

涵義→

- 憤怒
- 怨恨

由來→

關於矮牽牛花意涵的起源，相關記載不多。但矮牽牛花十分敏感，易摧易折，也許就和內心充滿怨忿的人一樣。

搭配→

- 苦艾，表示對結果不滿意
- 迷迭香，意指你不會原諒某人的過錯

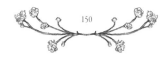

罌粟花

POPPY

罌粟屬

涵義→
・長眠

由來→
罌粟以其麻醉效用廣爲人知，是製作鎮定止痛藥物鴉片的
原料。希臘神話中，罌粟生長於亡者之地，與農業之神狄
蜜特（Demeter）有關，而狄蜜特的女兒波瑟芬妮則是冥府之
后。

搭配→
・雪花蓮，表示失去摯愛
・大麗花，置於鍾愛的伴侶墳前

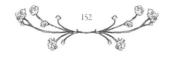

帝王花
PROTEA

海神花屬

涵義→

・變化

由來→

帝王花的英文名來自希臘神話中的普羅透斯 (Proteus)，他是
海神波賽頓 (Poseidon) 之子。普羅透斯能隨心所欲變成自己
想要的形狀，而海神花屬的植物，同樣也是變化多端，有
著多種不同樣貌。

搭配→

・月桂，祝賀友人取得改變一生的成就
・鈴蘭，送給病中逐漸康復的友人

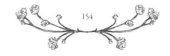

野胡蘿蔔花

QUEEN ANNE'S LACE

胡蘿蔔屬

涵義→

・庇護所

由來→

別名「安王后 * 的蕾絲」（Queen Anne's Lace）的野胡蘿蔔花，滾著花邊的花莖向內聚攏，使花朵形成盾狀或鳥巢形狀，爲棲身其上的嬌客提供遮風避雨的保護。也因爲如此，野胡蘿蔔花又名「鳥巢」。

搭配→

・香蒲，喬遷誌慶
・蘋果花，祝賀友人買新房

---

* 指一五八九年嫁給蘇格蘭國王詹姆士六世，並成為蘇格蘭王后的丹麥公主安（Anne of Denmark），其蕾絲織繡手藝精湛。

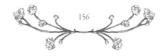

玫瑰
ROSE

薔薇屬

涵義→

• 愛情

由來→

古往今來，玫瑰在許多文化中都與愛情緊密連結，也許這
與玫瑰層層疊疊的華美花瓣及甜美香氣有關。對維多利亞
時代的人而言，玫瑰的顏色指涉不同的情意濃淡：白玫瑰
代表純純的愛；有如羞紅臉頰的粉紅玫瑰，意指戀情即將
開展盛放；而深紅色玫瑰代表熱情。希臘神話中的花卉女
神克羅麗絲（Chloris），據說曾把一名死去的美貌寧芙變成玫
瑰。她請太陽神阿波羅溫暖這朵花，請愛與美的女神阿芙
蘿黛蒂賜給花朵美麗容顏，酒神戴奧尼索斯（Dionysus）添上
芳香甘露，再請美惠三女神（the Graces）賜下嫵媚、歡喜和華
貴。最後，克羅麗絲把玫瑰譽為「花中之后」。

搭配→

• 滿天星，為婚宴用花
• 矢車菊，希望有機會展開追求

迷迭香
ROSEMARY

鼠尾草屬

涵義→
- 銘記
- 智慧

由來→

早在古希臘時期，迷迭香就被認爲與記憶有關；爲了答題順暢，那時的學生應考時，會配戴迷迭香花環。迷迭香與記憶的關聯，因莎士比亞的作品而更根深柢固。《哈姆雷特》劇中，歐菲莉亞（Ophelia）在她出名的「花卉演說」裡提及這種香草：「迷迭香，那是爲了記得。禱告，愛，記得。」

搭配→
- 番紅花，追憶舊日時光
- 鐵線蓮，象徵對學術追求的信心

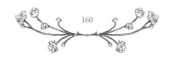

芸香
RUE

芸香屬

涵義→

・後悔

由來→

雖然「Rue」這個意指後悔的英語單字，與芸香的俗名 Rue 在語源學上並無關聯，但維多利亞時代的人仍用這種帶有苦味的植物來代表後悔。不過當時贈人芸香，大多數情況並非用來表達送花者後悔的情緒，而是帶有警告威脅對方的意味，彷彿在說，「做這種事你會後悔的。」

搭配→

・風信子，請求原諒
・楊柳與菊花，送給正經歷失去的友人

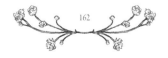

金魚草
SNAPDRAGON

金魚草屬

涵義——

・冒昧、放肆

由來——

金魚草與冒昧的關聯，可能源自中世紀的一種時尚元素：
當時未婚女性時興在髮上配戴金魚草，意思是自己對於男
性不請自來的搭訕沒有興趣。金魚草是巧妙而優雅的提醒，
警告年輕男士不要放肆。

搭配——

・阿福花，爲自己考慮不周致歉
・冬青，表示自己確實有欠周詳，日後一定加倍小心

雪花蓮

SNOWDROP

雪花蓮屬

涵義→

· 慰藉

· 希望

由來→

深冬中率先綻放的雪花蓮，明亮的白花是春天的信號，也預告著更輕鬆美好的日子就快到來。維多利亞時代的人喜愛雪花蓮，但忌諱把這種獨特的花朵帶進家中——攜入室內的雪花蓮被視為惡兆，甚至可能預示著死亡。

搭配→

· 康乃馨，表達破碎的心

· 槲寄生，意指熬過艱困時期的耐力

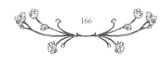

向日葵
SUNFLOWER

向日葵屬

涵義→
・富裕的假象

由來→

古印加帝國的人們認為，向日葵這種大而黃的花朵象徵著
太陽神印地 (Inti) ，他們用黃金鑄成向日葵形狀的珠寶飾
品，用來裝飾神殿或配戴在身上。西班牙征服者來到此地，
對舉目可見的財富大為驚嘆，看到整片向日葵花田時，一
度還以為自己發現了貨真價實的黃金寶藏。這一場誤會，
也導致向日葵與「富裕的假象」之連結。

搭配→
・藍鈴花與夢幻草，對過去的愚行表示謙卑之意
・薰衣草，表達對事業夥伴的不信任

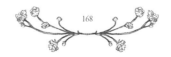

香豌豆花
SWEET PEA

山黧豆屬

涵義→

・謝謝你帶來美好的時光

由來→

維多利亞時代的人以香豌豆花來感謝主人款待，表達對賓主盡歡美好時光的謝意。香豌豆花香氣清甜，能使滿室生馨，爲好客的象徵。

搭配→

・神香草與蘭花，感謝友人邀你到他家作客
・百日菊，表示欣賞及謝意

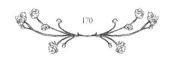

170

鬚苞石竹

SWEET WILLIAM

石竹屬

涵義→

· 殷勤

由來→

石竹的英文俗名「甜蜜威廉」(Sweet William)，其起源不可考；很多人猜測是依史上幾個有名的威廉而命名的，如威廉·莎士比亞、征服者威廉等等，但未有定論。英國民間故事及民謠中，殷勤的年輕男子經常名為「甜蜜威廉」。

搭配→

· 尤加利花，表示在逆境中，你會保護你所愛的人
· 忍冬，象徵對一段感情的承諾

艾菊
TANSY

菊蒿屬

涵義→
・敵意

由來→
艾菊的涵義，可能來自其在民俗療法上的用途。中世紀時，人們用高劑量的艾菊以誘發流產或對治寄生蟲。由於這種植物讓人身體不適，在維多利亞時代若贈人艾菊一束，等於向對方表明他讓你倒盡胃口。

搭配→
・銀蓮花，給被一腳踢開的戀人
・金魚草，給讓你很不好過的某人

薊

THISTLE

薊屬

涵義→

・厭世

由來→

單薄而多刺的薊讓人聯想到厭世，這好像滿合理的。薊的厭世意涵也有聖經淵源：《創世紀》中，上帝把亞當、夏娃逐出伊甸園，並告訴他們地上將長出荊和薊，以爲懲戒。

搭配→

・迷迭香，意指你看穿了某人營造的表象
・三色堇，告訴友人，你掛念著正經歷痛苦別離的他

鬱金香
TULIP

鬱金香屬

涵義→

・特此聲明我愛你

由來→

土耳其傳說中，有一對戀人：法爾哈德 (Ferhad) 與席琳 (Shirin)，他們彼此相愛，卻被迫分離。法爾哈德聽信了席琳自盡的謠言，爲與她長相廝守，也了結了自己的性命。據說在法爾哈德濺血之處，開出了鬱金香，於是此花就成爲他爲愛獻身的象徵。

搭配→

・毛茛，向迷人的新戀人表達愛意
・常春藤，可做爲文定之喜的賀禮

香堇菜

VIOLET

堇菜屬

涵義→

- 謙遜

由來→

香堇菜低垂著頭、貼近地面的樣子，是謙遜的姿態。香堇菜最初是情人節的代表花，相傳聖瓦倫丁（Saint Valentine）因企圖傳播基督教信仰而入獄，他採摘牢房附近的香堇菜，研碎後取其汁液為墨。傳說他以此墨，在自己行刑當日寫信給典獄長的女兒（此前聖瓦倫丁曾治癒她失明的雙眼），信末落款「你的瓦倫丁」（Your Valentine），啟發了其後數百年的愛情短箋。

搭配→

- 藍鈴花，致贈為人謙和而對你意義非凡的友人
- 月桂，讓朋友知道，你以他的成就為傲

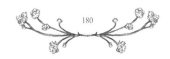

小麥
WHEAT

小麥屬

涵義→

- 富裕
- 豐饒

由來→

結實纍纍的金黃麥穗一直是富裕與豐饒的象徵。在古代，小麥存量充盈標誌著財力，小麥的豐收也意味富足的來年。

搭配→

- 三葉草，象徵順利踏入新領域
- 秋海棠，表達回報之前的恩情

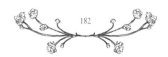

柳樹
WILLOW

柳屬

涵義→

・哀悼

由來→

垂柳 * 看上去就像一棵哀慟的樹木，枝條無力垂下，滿懷憂傷。希臘神話中，柳樹據說標誌著冥界的入口。這也是爲什麼柳樹圖案經常出現在墓碑和維多利亞時代的悼念首飾上。

搭配→

・勿忘草與柏樹枝條，適合喪禮
・唐菖蒲，代表破碎的心

---

* 英文俗名為 weeping Willow，意為「哭泣的柳樹」。

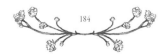

苦艾
WORMWOOD

嵩屬

涵義→
- 苦澀

由來→

苦艾與苦澀相連，有著綿長的歷史淵源。古希臘人稱苦艾為 absinthium，即意為「苦」。聖經中數次提及苦艾，每一次都與苦有關。《啟示錄》中記載，有一顆名為苦艾＊的大星體將從天而降，把地表三分之一的水變苦，大量人口將因飲下苦水而亡。

搭配→
- 翠雀花與風信子，告訴某人，事情沒有他想像中那麼糟
- 顛茄，告訴友人你會給他空間

＊ 又譯茵陳或茵蔯。

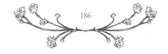

蓍草
YARROW

蓍屬

涵義→

• 療癒心碎

由來→

蓍草的屬名及意涵源自希臘英雄阿基里斯（Achilles），傳說他
在戰場上以蓍草製成敷料，爲士兵療傷。蓍草具有多種藥
效，是歷史悠久的療癒系植物，即使時至今日，蓍草仍被
用於止血、解熱，以及促進消化。

搭配→

• 山楂花，希望情況能漸入佳境
• 帝王花，表示受花者將能時來運轉

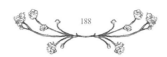

百日菊
ZINNIA

百日菊屬

涵義→

- 友誼長存

由來→

由於百日菊存活性強，生生不息，維多利亞時代的人用它們來象徵友誼長存，常於友人遠行前致贈百日菊一束，表達對方雖不在身邊，自己仍會常常想念、掛念之意。

搭配→

- 茉莉花，告訴友人，他讓你很開心
- 洋甘菊，表示對這段歷經逆境考驗的友情，你心懷感激

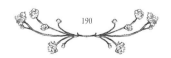

花束

BOUQUETS

友情

FOR FRIENDSHIP

送一束友情花束給好友，慶賀你倆的友誼，給對方美麗的心情，或讓對方知道他常在你心。

組合以下花材，並以藍綠色雪紡紗緞帶繫綁花束→

- 百日菊，表友誼長存
- 蘋果花，表示私心喜愛
- 三色堇，給你常常想起的友人
- 尤加利花，象徵保護與強固友情的連結，願友誼維繫歲歲年年

求愛
FOR COURTING

最適合給新戀人的完美花束，可令對方怦然心動，或用來宣示主權。

組合以下花材，並以紅色絲帶繫綁花束一

- 粉紅玫瑰，象徵即將盛開的戀情
- 矢車菊，代表愛情的希望
- 鬚苞石竹，表現殷勤
- 忍冬，意爲全心全意的愛

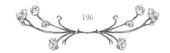

結婚

FOR MARRIAGE

可用於新娘捧花，也可致贈新婚夫婦，或用來布置訂婚會場。

組合以下花材，並打上白色蕾絲蝴蝶結→

- 紅玫瑰，代表眞愛
- 常春藤，象徵忠實
- 銀香梅，代表婚姻中的希望與愛
- 大麗花，表示承諾及永恆的愛

感同身受
FOR SYMPATHY

當所愛的人遭遇悲痛打擊，或要紀念亡故者，或在對方艱難時節表達溫暖支持時，都適宜用此花束。

組合以下花材，並以黑絲絨緞帶繫綁花束→

- 菊花，致哀
- 萬壽菊，代表哀慟
- 鈴蘭，意指未來會更好
- 柏樹枝條，表達悲傷
- 薄荷，表示撫慰

思念與悲傷
FOR REGRET AND SORROW

當所愛的人經歷心痛或生離死別，此花束能傳遞安慰與撫慰，提醒對方有人愛著他們。

組合以下花材，以黑色細繩打上蝴蝶結→

- 阿福花，表示思念將伴你一生，直至長眠地底
- 杜鵑花，象徵困頓時期的脆弱
- 雪花蓮，代表撫慰，並期望更好的明天
- 芸香，表達遺憾
- 柳樹枝條，表示哀悼

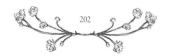

致歉
FOR APOLOGY

以此花束爲自己的錯誤或失誤致歉，向對方請求寬恕或試圖補償。

組合以下花材，以藍色辮子布繩繫綁花束→

- 風信子，請求寬恕
- 藍鈴花，表示謙卑
- 牡丹，代表難爲情
- 橄欖枝，希求和平

失約之賠罪

FOR FORGOTTEN OBLIGATIONS

錯過重要慶祝會，或忘記約定好的會面時，以這束花向對方致歉。

組合以下花材，並以綠色帶子繫綁花束一

- 夢幻草，代表愚蠢
- 芸香，象徵後悔
- 銀蓮花，意謂被拋棄的愛
- 勿忘草，意指你不會再忘了
- 迷迭香，表示牢牢記住

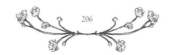

警告

FOR WARNINGS

用這束花來警告你所不信任的某人，或表示麻煩將至。

組合以下花材，並以鮮紅色環帶繫綁花束→

- 秋海棠，代表警告
- 夾竹桃，表示提防
- 薰衣草，表達不信任
- 毛地黃，象徵守密

好聚不好散

FOR BITTER ENDS

這束花是最後的提醒，表示你決意從這段不歡而散的友誼或關係中抽身。

組合以下花材，並以麻繩繫綁花束→

- 矮牽牛花，代表憤怒與怨恨
- 曼陀羅，表示虛假的魅力
- 艾菊，表現敵意
- 薊，傳達厭世感
- 苦艾，代表苦澀

新的開始

FOR NEW BEGINNINGS

最適合慶賀家庭添新成員，或人生添新冒險的花束。做為喬遷誌慶的禮物也頗美觀。

組合以下花材，並以黃色穗帶繫綁→

- 番紅花，代表青春的喜悅
- 雛菊，象徵純真與孩提時的純潔
- 紫丁香，代表初戀
- 滿天星，寓意純潔和天真
- 小麥，象徵富裕豐饒

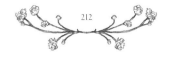

致謝

本書能夠成書，得力於太多人溫暖鼓勵的話語，以及在我需要時的用心傾聽。

首先最要感謝的是我先生尼克（Nick），謝謝你除了幫我種花，也幫我種下新奇的點子和美好的冒險。

文學經紀人珍奈特（Alyssa Jennette），謝謝你支持我，鼓勵我，謝謝你的坦誠和體貼。

謝謝安德魯斯‧麥克梅爾（Andrews McMeel）的整個團隊，特別是編輯扎霍斯基（Melissa Rodes Zahorsky）。

謝謝法希（Stacy Fahey）、帕克（Sarah Parker），和史塔克（Keyla Stark），謝謝你們任勞任怨，使命必達，陪著我長時間加班工作一起打拚。你們的友情和鼓勵對我意義重大。

謝謝茉莉（Molly），在我伏案工作太久時，拖著我出去走走。

最後但一樣重要的，謝謝我親愛的爸媽繆莉爾（Muriel）和理查（Richard），你們始終相信我做得到。是你們強制規定的周日午後園藝時間，啟迪了我對植物的熱愛。

索引 _(按涵義分類)

道歉與原諒

鼓勵

愛與浪漫

親子

警告與不快

祝願與道賀

作者簡介

潔西卡‧胡 Jessica Roux

美國田納西州納什維爾市的自由插畫家和動植物愛好者。
居住在豐富大自然圍繞的環境裡,喜歡在自家後院探索;
她用色柔和典雅、筆觸清晰,以精湛繁複的細節,勾繪出
所見的植物、動物,深具古典優雅之美。

譯者簡介

林郁芬

台灣大學工商管理學暨動物生物學系畢業,輔仁大學中英
文口筆譯組肄業,英國 Essex 大學國際關係碩士。曾任經濟
日報新聞編譯、企業文件翻譯多年。享受翻譯樂趣,傳達
語言轉譯的文化意趣。

愛花人・玩花人
推薦語

大哲（植物勇者 Fern Maker 主理人）

在快節奏社會，人們常忽略情感表達。這本書插畫與文字交織，細緻介紹各種花葉的淵源及意涵。這些植物擁有獨特形態，也在人類歷史中扮演傳情角色。書中並教導如何依主題組合搭配，傳遞心意。

透過花語表達情感，增添生活浪漫。植物成為另一種語言載體，讓我們認識自然，也喜歡上自然。喜愛植物的朋友，我衷心推薦。

亦瑀（一隅有花・花藝師）

花的語言並非我們擅長運用的，我們避免在一朵花上賦予過多意義，希望回歸與植物相處的純粹感受。然而如果可以理解植物背後帶有長久以來人類溝通情感的需求，花語便充滿了魅力。本書可作為認識植物的入門，給讀者一個走入花語世界的契機。

李靜宜（愛花人・譯者・東美文化總編輯）

在大自然裡，花卉是宛如精靈的神祕存在。山巔水湄森林平野，恣意盛放的姿影為世界帶來絢麗的色彩，也激發無盡的靈感，神話、繪畫、文學，甚至普通人的生活，花卉無所不在。而藉由花卉傳達隱密的情感思緒，更是古今中外皆然。本書以古雅典麗的圖繪，引領我們一探花語傳奇，相信愛花如我的每一個人都會愛不釋手。

范允菲（拾米豐瓶・花藝總監）

透過文字傳遞花朵的力量。花語不僅在歷史上藏有祕密交流的意義，更在當今社會裡有更深一層意涵。我們透過花語表述內心，將說不出口的話，由花草來代替。

書裡，野胡蘿蔔花的含意為「庇護所」。正如我對它的想像，永遠像把小傘一樣，為底下的花草遮風，也避雨。花是無聲的媒介，卻帶著鏗鏘有力的能量，直搗人心。

溫佑君（肯園香氣私塾・負責人）

花語之於我，過去一直是「無緣對面不相識」的存在。隨著年歲增長，我開始懂得和花朵交朋友，從花無百日紅裡面領受活在當下的珍重，現在才能不被自以為是的理性綁架，從這樣的一本書裡面，擴大自己對世界的感知力。

彭樹君（作家）

每一朵花都藏著一種情感，都是一個祕密。

不同的花有不同的花語，閱讀這本書，就是對花的解謎。

Nana Chen（Urbanbotany 我本設計創辦人・花藝師）

一本穿越維多利亞時代的奇幻花草手冊，經典又創新，特色在於以手繪圖清楚詳述日常接觸到的花朵寓意，淺顯易懂。作者用古典風格插畫，展現花朵獨特的氛圍，並分享各種喜怒哀樂情境下的花束搭配建議，是歐美各大連鎖書店與亞馬遜書籍榜月銷千本的美麗好書，賞心悅目、值得收藏。心細溫柔的愛花人或古靈精怪的玩花人一定會喜愛！

（依姓氏筆畫排序）

花瓣裡的悄悄話：
維多利亞時代花語的象徵與緣起（全彩插圖本）
Floriography: An Illustrated Guide to the Victorian Language of Flowers

作　　者	潔西卡‧胡（Jessica Roux）
譯　　者	林郁芬
特約編輯	田麗卿
責任編輯	劉憶韶
書籍設計	劉孟宗

版　　權	吳亭儀
行銷業務	周丹蘋、周佑潔、吳藝佳、賴正祐
總 編 輯	劉憶韶
總 經 理	彭之琬
事業群總經理	黃淑貞
發 行 人	何飛鵬
法律顧問	元禾法律事務所 王子文律師
出　　版	商周出版 台北市 104 民生東路二段 141 號 9 樓
	電話：（02）25007008 傳真：（02）25007759
	Email：bwp.service@cite.com.tw
發　　行	英屬蓋曼群島商家庭傳媒股份有限公司城邦分公司
	台北市中山區民生東路二段 141 號 2 樓
	書虫客服服務專線：02-25007718 02-25007719
	24 小時傳真專線：02-25001990 02-25001991
	服務時間：週一至週五 9:30-12:00 13:30-17:00
	劃撥帳號：19863813 戶名：書虫股份有限公司
	讀者服務信箱 Email：service@readingclub.com.tw
香港發行所	城邦（香港）出版集團有限公司 香港灣仔駱克道 193 號東超商業中心 1 樓
	Email：hkcite@biznetvigator.com 電話：（852）25086231 傳真：（852）25789337
	馬新發行所 城邦（馬新）出版集團 Cite（M）Sdn Bhd
	41, Jalan Radin Anum, Bandar Baru Sri Petaling, 57000 Kuala Lumpur, Malaysia.
	Tel：（603）90578822 Fax：（603）90576622 Email：cite@cite.com.my
印　　刷	卡樂彩色製版有限公司
總 經 銷	聯合發行股份有限公司 新北市 231 新店區寶橋路 235 巷 6 弄 6 號 2 樓
初　　版	2023 年 8 月 31 日
初版 3 版	2024 年 3 月 20 日
定　　價	620 元

著作權所有，翻印必究 ISBN 978-626-318-819-8

國家圖書館出版品預行編目資料

花瓣裡的悄悄話：維多利亞時代花語的象徵與緣起 / 潔西卡‧胡 (Jessica Roux) 著；林郁芬譯 . -- 初版 . -- 臺北市：商周出版：英屬蓋曼群島商家庭傳媒股份有限公司城邦分公司發行，2023.08
224 面；15x21 公分；全彩插圖本
譯自：Floriography : an illustrated guide to the Victorian language of flowers
ISBN 978-626-318-819-8(精裝)
1.CST: 花卉 2.CST: 植物圖鑑 3.CST: 植物志

435.4025   112012764